KB220954

큰글씨판 슈퍼 스도쿠

오정환 지음

보누스

스도쿠의 기본 규칙

스도쿠의 가장 기본 규칙은 가로 3칸, 세로 3줄인 3×3 박스의 9개 칸에 1부터 9까지의 숫자를 중복되지 않게 채워 넣는 것이다.

스도쿠의 모양은 3×3, 4×4, 6×6, 9×9 등이 있는데, 보통 가로 9칸, 세로 9줄의 9×9 스도쿠를 많이 한다.

스도쿠 푸는 요령

스도쿠는 가장 쉽게 찾을 수 있는 빈칸부터 차근차근 숫자를 채우는 것이 좋다. 이미 채워져 있는 숫자가 많을수록 빈칸에 들어갈 숫자를 찾기 쉽다.

■ 하나 찾기 ①

먼저 〈그림 1〉처럼 가로 9개 칸에서 한 칸만 비어 있으면 숫자를 찾기는 어렵지 않을 것이다.

또 〈그림 2〉 같은 3×3 박스에서도 1~9까지 숫자 중 빠진 숫자 하나를 채워 넣으면 된다.

그림 1

3	7	5	2	9	1	6		8

그림 2

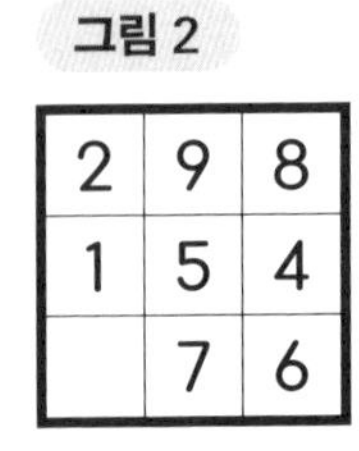

2	9	8
1	5	4
	7	6

■ 하나 찾기 ②

〈그림 3〉처럼 빈칸이 많으면 어렵게 느낄 수 있지만 앞에서 연습했던 것과 똑같은 하나 찾기로 풀 수 있다. 물음표(?) 표시된 칸에 들어갈 숫자를 찾아보자.

물음표가 있는 가로줄에 숫자 1, 2, 7이 있으므로 1, 2, 7은 들어갈 수 없다. 작은 박스 안에는 3, 4, 9가 있으므로 3, 4, 9는 들어갈 수 없다. 물음표가 있는 세로줄에는 6, 8이 있으므로 6, 8은 들어갈 수 없다. 따라서 물음표가 표시된 칸에는 1, 2, 3, 4, 6, 7, 8, 9가 들어갈 수 없으므로 5를 넣으면 된다.

그림 3

					4			
1				?			7	2
			9		3			
				8				
				6				

■ 후보숫자 넣기

가로줄과 세로줄, 3×3 박스에서 채워진 숫자가 많은 곳을 찾아 〈그림 4〉처럼 후보숫자를 넣어본다. 후보숫자란 빈칸 안에 들어갈 수 있는 숫자이며, 차근차근 따져서 모두 적는 것이 좋다.

그림 4

7	9	45	1		3		8	2
2	148	6	7					5
145	1458	3			2		7	
15	158	1578	2		6		4	9
1459	1458	124 589						
6	3	1459	8		4		5	
1459	2	1459						
3	6	49		7	1	5	2	8
8	7	49		2	5		1	3

■ 가로 및 세로줄과 3×3 박스가 교차하는 영역 살펴보기

〈그림 5〉에서 색칠된 부분을 보자. 9로 시작하는 두 번째 세로줄에서 빈칸에는 후보숫자가 적혀 있다. 그림에 따르면 8은 비어 있는 네 개의 모든 칸에 들어갈 수 있다.

그림 5

7	9	45	1		3		8	2
2	148	6	7					5
145	1458	3			2		7	
15	15~~8~~	1578	2		6		4	9
1459	145~~8~~	124 589						
6	3	1459	8		4		5	
1459	2	1459						
3	6	49		7	1	5	2	8
8	7	49		2	5		1	3

하지만 첫 번째 3×3 박스에 들어갈 8은 동그라미로 작게 표시된 칸에만 들어갈 수 있다. 왜냐하면, 첫 번째 3×3 박스의 맨 오른쪽 위 칸에는 해당 가로줄에 이미 숫자 8이 있다. 또한 맨 왼쪽 아래 칸에도 해당 세로줄에 이미 숫자 8이 있다. 즉 첫 번째 3×3 박스에 8이 들어갈 곳은 동그라미로 작게 표시된 두 칸 중 하나여야 한다는 뜻이다.

따라서 9로 시작하는 두 번째 세로줄의 나머지 두 칸에는 8이 들어갈 수 없으므로 해당 칸에 작게 적힌 후보숫자 중 8은 제거해야 한다.

■ 2개짜리 짝 찾기 ①

〈그림 6〉에서 색칠된 다섯 번째 가로줄을 보면, 세 번째 칸과 일곱 번째 칸에만 후보숫자 2와 8이 적혀 있다. 즉, 2와 8은 이 두 개의 칸에만 들어갈 수 있다는 뜻이다. 따라서 세 번째 칸과 일곱 번째 칸에서 2와 8을 제외한 나머지 후보숫자는 제거할 수 있다.

그림 6

7	9	5	1		3		8	2
2		6	7					5
		3			2		7	
			2		6		4	9
1459	145	~~1~~2~~5~~8	359	1359	7	~~1~~2~~3~~~~6~~8	36	16
6	3		8		4		5	
	2							
3	6			7	1	5	2	8
8	7			2	5		1	3

■ 2개짜리 짝 찾기 ②

〈그림 7〉에서 색칠된 세 번째 세로줄에 있는 후보숫자를 보자. 세 번째 세로줄에서 8번째 칸과 9번째 칸에는 각각 4 또는 9만 들어갈 수 있고, 다른 숫자는 들어갈 수 없다. 따라서 이 세로줄의 다른 칸에는 4와 9가 들어갈 수 없으므로 나머지 칸의 후보숫자 중 4와 9는 제거해야 한다. 그러면 첫 번째 칸의 후보숫자인 4와 5 중 4가 제거되었으므로 첫 번째 칸에 들어가는 숫자는 5가 된다. 나머지 부분도 이 방법을 이용해 채울 수 있다.

그림 7

7	9	~~4~~5	1		3		8	2
2		6	7					5
		3			2		7	
		1578	2		6		4	9
		12~~4~~ 58~~9~~						
6	3	1~~4~~5~~9~~	8		4		5	
	2	1~~4~~5~~9~~						
3	6	(49)		7	1	5	2	8
8	7	(49)		2	5		1	3

차 례

■ 가이드 ········ 2

■ 문제 ········ 8

■ 답 ········ 108

1

月 日

			3		5			
	1			8			5	
		4	2		9	1		
4								7
	2						1	
7		6				5		3
	7		1		4		6	
	8			2			3	
		5	7		8	2		

20대에는 욕망의 지배를 받고, 30대는 이해타산, 40대는 분별력,
그리고 그 나이를 지나면, 지혜로운 경험에 지배를 받는다. - 그라시안

2

月 日

		9	1		3	4		6
	3			4			5	
2					8	1		
		3	4					1
	4			1			6	
5					2	7		
		6	3					7
	8			7			4	
1		7	9		4	5		

20대에는 의지, 30대에는 기지, 40대에는 판단이 지배한다. - 벤자민 프랭클린

3

月　　日

4								6
		7		4		3		
2	3						8	1
			4		7			
3								2
	9		3		2		6	
	2						3	
		3		9		5		
1	6		5		8		4	7

가장 높이 나는 새가 가장 멀리 본다. - 리처드 바크

4

月 日

5		9	6	8				7
7		4			1			3
		1			5	8		
		2					5	
	5						1	
3				2	8	7	4	
6			7					
9	2	3						5
				4			8	2

가장 적은 것으로도 만족하는 사람이 가장 부유한 사람이다. - 소크라테스

5

月 日

			4	6	7			
4	3			8			1	7
		7				9		
			7		5			
		1	2		8	3		
	4						2	
	7	5		2		1	4	
		6				8		
3			9	7	1			5

가장 큰 행복은 친구와 우정을 나누는 것이다. - 에피쿠로스

6

月 日

	5	2			1			7
		7	6				2	3
					2		5	
	1			6	7			
	8	9		1			6	
		3				1	7	
8				3		2		
9	7		1	2				4
	3			9	4		8	6

결코 후회하지 말 것, 뒤돌아보지 말 것을 인생의 규칙으로 삼아라.
후회는 쓸데없는 기운의 낭비이며, 후회로는 아무것도 이룰 수가 없다.
단지 정체만 있을 뿐이다. - 캐서린 맨서필드

7

月 日

			5	3	9	2		
		4					1	
	3			2	4			8
	8		3			5		1
	4			1	7	3		6
		9				4		2
1			4	7	6			5
	6						4	
		2	8	9	1	6		

군자는 말하고자 하는 바를 먼저 행하고,
그 후에는 자신이 행함에 따라 말하느니라. - 공자

8

月 日

7	8				3			4
	4		9	7	5		1	
1	5		6					2
				4				7
			8		1			
9				3				
3					8		7	9
	1		3	6	9		4	
5			1				6	8

그대가 값진 삶을 살고 싶다면 날마다 아침에 눈을 뜨는 순간 이렇게 생각하라.
'오늘은 단 한 사람을 위해서라도 좋으니
누군가 기뻐할 만한 일을 하고 싶다'라고. - 오쇼 라즈니쉬

9

月 日

2				3				1
	1		7		2		9	
		4				3		
	7		5		1		4	
1				9				8
	4		8		3		2	
		1				8		
	5		3		8		1	
3		8		5		6		4

그대는 인생을 사랑하는가? 그렇다면 시간을 낭비하지 말라,
시간이야말로 인생을 형성하는 재료이기 때문이다. - 벤자민 프랭클린

10

月 日

	3		5			2	9	
	1		2			8	4	
		5						
	9	6	8					2
8		7		9		5		1
1					7	6	8	
						1		
	6	3			4		5	
	8	1			3		2	

꽃에 향기가 있듯 사람에겐 품격이 있다.
꽃이 싱싱할 때 향기가 신선하듯이 사람도 마음이 밝을 때 품격이 고상하다.
썩은 백합꽃은 잡초보다 오히려 그 냄새가 고약하다. - 셰익스피어

11

月 日

			1	4	3			
	8	4				6	7	
2			7	6	8			3
1		8	4		6	7		5
		3		5		8		
		9				3		
	9		3		2		6	
6			5		1			8
	3			7			5	

나는 해야 한다. 그러므로 할 수 있다. - 칸트

12

月 日

			8				4	
	5	3		7	6			9
	7	9		4	5			
			5				8	4
7	9						3	6
1	4				2			
			9	2		4	5	
5			7	8		6	9	
	8				1			

나이가 드니까 안 노는 것이 아니라

놀지 않기 때문에 나이가 드는 것이다. - 조지 버너드 쇼

13

月　　日

1		2				6		9
	4			6			7	
3		6				5		1
			5		6			
	6			7			5	
			9		4			
2		1				8		5
	5			1			9	
9		7		5		3		4

나이를 먹을수록 세상을 바라보는 분별력과 삶에 대한 애착이 깊어지는 것이다. - 그라시안

14

月 日

	1	6		9		2	4	
3			7		6			5
5		9				7		6
	3						6	
	7			4			8	
	5		1				9	
		3				1		9
1			3		2			4
	4			6		8	5	

내가 계속할 수 있었던 유일한 이유는 내가 하는 일을 사랑했기 때문이라
확신합니다. 여러분도 사랑하는 일을 찾으셔야 합니다.
당신이 사랑하는 사람을 찾아야 하듯 일 또한 마찬가지입니다. - 스티브 잡스

15

月 日

		6				4		
			4		7			
8			5	2	6			1
	3	4		8		5	6	
			9		4			
	1	2		6		8	9	
1			7	4	8			2
			6		1			
		3				6		

내가 원하지 않는 바를 남에게 행하지 말라. - 공자

16

月 日

1		4		7		6		9
	7	3	5		8	4	2	
	2				7			
	1	8	9		4	7	6	
			6		5		1	
	8	7	4		9	1	3	
	3		8		2		5	

늘 행복하고 지혜로운 사람이 되려면 자주 변해야 한다. - 공자

17

月　　日

		9	5					7
		6				3	2	
5	3				4		1	
4				9	7		3	
				1	5	9		
		2	6					4
8	2		3				6	1
		5				4		
1		7			6	2		

당신이 인생의 주인공이기 때문이다. 그 사실을 잊지 말라.
지금까지 당신이 만들어 온 의식적, 그리고 무의식적 선택으로 인해
지금의 당신이 있는 것이다. - 바바라 홀

18

月　　日

		3			8	2		
	7			9			1	
9			7			5		8
		6			2			1
	1		6	4			3	
		7			3			4
4			5			1		2
	5			8			9	
		1			9	7		

도전은 인생을 흥미롭게 만들며,
도전의 극복이 인생을 의미 있게 한다. - 조슈아 J. 마린

19

月　　日

		4	6			1		
	5	3					4	
8			4		3		6	5
		6		1		5		2
			5		6			
5		7		3		9		
4	6		2		5			3
	3					6	2	
		9			1	4		

들은 것은 잊어버리고, 본 것은 기억하고 직접 해본 것은 이해한다. - 공자

20

月　　日

						6	5	
	4	6			7			2
1			4		5			8
6			5			2	1	
	3	4					9	
			2			3		6
		2		5	8			3
8	6			4			2	
			1		6		8	

만물은 변화다. 우리의 삶이란 우리의 생각이
변화를 만드는 (과정)이다. - 마르쿠스 아우렐리우스 안토니우스

21

月 日

	5		6				4	
9		7		8		5		2
	2		4				7	
				6		3		4
	9			3			1	
1		6		2				
	7				6		9	
3		4		1		2		8
	1				8		3	

말은 행실의 그림자다. 말이 아니라 행동으로 유명해져라. - 데모크리토스

22

月 日

		1			5	2		
6	7			8			4	3
		9	4			7		
				1	2			9
9								2
8			5	6				
		7			4	3		
4	2			7			9	5
		6	9			1		

멀리 갈 위험을 감수하는 자만이
얼마나 멀리 갈 수 있는지 알 수 있다. - T. S. 엘리엇

23

月 日

6					1	7		2
		1	2			3		
	2			5			1	8
	3			6				1
		4	5		3	6		
7				1			2	
1	6			3			5	
		2			5	8		
8		3	4					9

멀리 내다보지 않으면 가까운 곳에 반드시 근심이 있다. - 공자

24

月 日

					2	3	7	8
	1	9	3					
		7						
		6			5	8	3	
1		5				2		
	4	8	6			5		9
						6		
					4	1	9	
8	6	3	5					

멈추지 않으면 얼마나 천천히 가는지는 문제가 되지 않느니라. - 공자

25

月　　日

4			2	6			8	
3		1			7		6	
9		3					1	
6		5	3	2			9	
1		2			6		7	
2		7			4		5	
8			1	5			3	
	1	4			9	8		

모든 것이 저만의 아름다움을 지니고 있으나
모든 이가 그것을 볼 수는 없느니라. - 공자

26

月　　日

		5	2		1			6
	8				4	1		
	3		5				4	
8			3		2		1	
7	6							
5			4		8		7	
	4		9				8	
	1				5	3		
		2	8		6			4

모든 언행을 칭찬하는 자보다

결점을 친절하게 말해주는 친구를 가까이 하라. - 소크라테스

27

月 日

1	7	5	9				8	
			7					
			6		8	7	5	3
2	1	3	4					6
			5					2
			1		2	9	4	8
3	5	4	2					9
								7
	9				6	1	2	5

목표가 가치 있을 때 비로소 인생은 가치를 지니게 된다. - 헤겔

28

月 日

1				3				2
2			1	9	4			3
	6			7			1	
		6				1		
5				1				7
	4		5		7		8	
		4		2		8		
7								6
	9		6	4	3		2	

목표에 도달하는 가장 확실한 방법은 그 목표가 아니라
그 너머의 더 야심찬 목표를 향해 나아가는 것이라는 점은 역설적이지만
참되고 중요한 인생의 원칙이다. - 아놀드 토인비

29

月 日

5	7						8	1
		3	5		4	9		
								4
			9		8			
9		1		2		3		7
			7		6			
4								8
		6	8		1	2		
	5						4	

무슨 일이든지 한 가지 일에 성공하려면
다른 일은 생각하지 마라. - 헤라클레이토스

30

月 日

	1			9		5		
4					8		2	
7		2	4			1		9
		6	2				1	
8								6
3		9			1	7		
9			3		4	6		
	6							5
		7	1			9	4	

무지를 아는 것이 곧 앎의 시작이다. - 소크라테스

31

月 日

	1			9				
		2	1				5	6
5		9	4		7			1
	9			7				
		3	6		8	7		
				4			3	
8			7		6	2		4
2	4				9	1		
				3			8	

배우고 때로 익히면 또한 기쁘지 아니한가. - 공자

32

月 日

	2						9	
1		3				6		4
5		4		7		2		8
			5		7			
	8	7				4	6	
4								7
	7	1		5		8	4	
2			4		6			1
				9				

배우기만 하고 생각하지 않으면 얻는 것이 없고,
생각만 하고 배우지 않으면 위태로우니라. - 공자

33

月 日

	4			9	6	2		
5	7		1				9	
				5				
			5		7		8	2
3		8		4		9		7
4	2		9		1			
				6				
	9				8		7	5
		5	3	7			4	

배움이란 일생동안 알고 있었던 것을
어느 날 갑자기 완전히 새로운 방식으로 이해하는 것이다. - 도리스 레싱

34

月 日

3	2	6				7	4	9
			6	9	4			
	3	1				6	2	
6								7
	4			7			5	
2		4	8		1	3		5
5		9				8		1
	1						6	

벗이 먼 곳에서 찾아오면 또한 즐겁지 아니한가. - 공자

35

月　　日

				5				
	3	4				7	8	
2			3		6			9
		9		6		3		
	1	3				6	5	
	2		7		1		9	
	4			9			7	
	6						1	
		8	5	1	3	4		

변화에서 가장 힘든 것은 새로운 것을 생각해내는 것이 아니라
이전에 가지고 있던 틀에서 벗어나는 것이다. - 존 메이너드 케인즈

36

月 日

	6	4				2		
1			4		7		8	
5				8	6	4		
	4	5	6				7	
				4				2
	2				1	9	5	
	3							9
4			9	7				5
		6			8	7		

불행은 누가 진정한 친구가 아닌지를 보여준다. - 아리스토텔레스

37

月 日

1		2	6		3	4		8
							3	
	6			9				
4		6		8		2		
7		3		1	9			
8		5		6		3		
	8			3			7	
2		4	9		1	5		6

사람은 나이를 먹는 것이 아니라 좋은 포도주처럼 익어가는 것이다. - S. 필립스

38

月 日

2							6	4
7			8	9	4			5
1		4				7		
3			9		2		5	
		7					9	
	9				8		7	
	4			5		1		
8		5	6					
	7				9	5	4	3

사람이 인생에서 가장 후회하는 어리석은 행동은
기회가 있을 때 저지르지 않은 행동이다. - 헬렌 롤랜드

39

月 日

		2				5		6
1	6		8			2	3	
				4			7	1
3	7		4					
		9		7		1		
					5		4	7
2	3			1				
	5	8			2		1	3
7		4				9		

세계는 변화다.

우리의 인생은 우리의 생각들이 결정한다. - 마르쿠스 아우렐리우스 안토니우스

40

月 日

		1				4		
			4		8			
6		4				5		9
	5			8			9	
8			9	6	5			2
	9		1		7		8	
9				5				6
	2						7	
		8	7		1	9		

순간을 지배하는 사람이 인생을 지배한다. - 크리스토프 에센바흐

41

月 日

	2	7	8				9	
	6			4		1		5
	4			6			3	
		3	4					
			5			7	2	
		2		7	8			6
1	3		7		4			2
		4				3	1	7
		5						

시간은 만물을 스러지게 한다. 만물은 시간의 힘 아래 서서히 나이 들고
시간이 흐르면서 잊힌다. - 아리스토텔레스

42

月 日

1	2				7	8		
		3		6			1	
4	5				1	9	7	
	7	2			3	5		
8			9					
	4	9	5			7	8	
					9			2
		1	3			6	5	

아는 것을 안다 하고, 모르는 것을 모른다 하는 것이
참으로 아는 것이다. - 공자

43

月 日

5	2			3	6			
8			7			6		
			1			5		7
	5	8		9	3			4
9			5	4			8	
1			2		8	9		
	1	2			9		6	8
				6		4		
		9	4			3		

아무리 나이를 먹었다 해도 배울 수 있을 만큼은 충분히 젊다. - 아이스큐로스

44

月　　日

			2		1	5		
		6		4			3	
	8		3		6			9
	5		8			7		1
	2			1			4	
		4			7			8
			5			4	2	
	4			9		6		
8		7			2			

여행과 변화를 사랑하는 사람은 생명이 있는 사람이다. - 바그너

45

月 日

2	7						6	8
9	4			5			3	2
			3		8			
		4				2		
3	2						8	1
		7		6		9		
			5		6			
8				9				6
	5		2	3	4		1	

예술과 사랑을 하기에는 인생이 짧다. - 윌리엄 서머셋 모음

46

月 日

			1	2	7			
			5	9	4			
9		5				4		1
	5						1	
		7		8		3		
			9		5			
5		4				6		7
	9		6		2		5	
6			7		1			3

오늘 배우지 아니하고서 내일이 있다고 말하지 말며,
올해에 배우지 아니하고서 내년이 있다고 말하지 말라.
날과 달은 흐르니 세월은 나를 위해서 더디게 가지 않는다. - 명심보감

47

月 日

		5	7		6	1		
9								6
	8		3	9	2		5	
3			8		9			2
	2						6	
		1	6		7	8		
		9		1		5		
		3				2		
8								4

오늘은 어제 생각한 결과이다. 우리의 내일은 오늘 무슨 생각을 하느냐에 달려 있다. 실패한 사람들의 생각은 생존에, 평범한 사람들은 현상 유지에, 성공한 사람들은 생각이 발전에 집중되어 있다. - 존 맥스웰

48

月 日

7	8			3	2			
3			8			1		
			6				2	
	9	8						2
5			9		1			3
6						9	7	
	4				8			
		3			9			6
			4	6			8	1

오래 살기를 바라기보다 잘 살기를 바라라. - 벤자민 프랭클린

49

月 日

	9				7	2		4
3	6						1	
		2	5					6
		3	4					9
				3				1
4					8		2	
2						5		
	1				9		3	
6		4	7	2				8

오직 남을 위해 산 인생만이 가치 있는 것이다. - 알버트 아인슈타인

50

月 日

5	6			7			1	
		2	4			5		8
3					1		2	
	1				2			
		3				7		
			6				5	
	7		1					2
6		4			5	1		
	2			6			9	5

올라가는 길과 내려오는 길은 하나이며 같다. - 헤라클레이토스

51

月 日

			8		1			
		5				2		
		1		3		8		
			6		7			
2				8				4
	1			4			3	
		3		2		6		
9	4		3		6		7	2
		2	1		4	3		

우리 모두는 인생에서 만회할 기회라 할 수 있는
큰 변화를 경험한다. - 해리슨 포드

52

月 日

				2	8			
		9					2	
	1		7			5	6	
2				1			9	
8	4	5	9	7			3	
9				5			8	
3				8		7	5	6
	2		3		6		1	

우리 모두는 인생의 격차를 줄여주기 위해 서 있는 그 누군가가 있기에
힘든 시간을 이겨내곤 합니다. - 오프라 윈프리

53

月 日

7	9						8	3
		1	9		3	6		
	8			6			2	
8								
1		3	8		7	9		2
2			6		9			1
	4						5	
		2		9		7		
			3		4			

우리가 배움이라 부르는 것은 오직 기억의 과정일 뿐이다. - 플라톤

54

月 日

				6				
			2		7			4
		1				8		
	9			4			2	
	4		6		8		3	
		7	5		9	4		
				5				
	2	8		1		9	5	
1			4	9	3			6

우리는 나이가 들면서 변하는 게 아니다. 보다 자기다워지는 것이다. - 린 홀

55

月 日

7								4
2			5		3			7
	9	8	7		4	2	5	
	6						2	
	3						8	
	8	2	4		5	6	7	
			1		2			
		4				3		
	2		8	3	9		4	

우리는 받아서 삶을 꾸려나가고 주면서 인생을 꾸며나간다. - 윈스턴 처칠

56

月 日

	2	1				9	3	
8			4		3			7
	4		1		7		6	
		9				1		
				6				
	1	2				6	4	
9			6		8			1
				3				
	8		5		9		7	

우리의 인생은 우리가 노력한 만큼 가치가 있다. - 프랑수아 모리아크

57

月 日

6	9	4	8		2			7
	7					1		8
	1							
	2			7	6			
		3		8		2		
			4	2			9	
							6	
9		6					8	
7			9		5	3	1	2

음식을 당신의 의사나 약으로 여겨라. - 히포크라테스

58

月 日

2	3			6			8	5
		1				7		
8			5		7			3
1			3		9			6
		3				9		
7	9			3			6	2
			8		4			
			2		6			

의심하는 것이 유쾌한 일은 아니지만,
확신하는 것은 어리석은 일이다. - 볼테르

59

月　　日

	9			1			5	
2	5						9	6
		4				3		
			1		8			
8				3				1
			2	9	4			
		3		2		1		
7	1			6			4	5
	4			5			8	

이 인생에서는 마지막에 웃는 자가 가장 오래 웃는 자다. - 존 메이스필드

60

月 日

		3			4	9		6
	8				7			
		5	9			7	2	
4							1	
		2	8		1	5		
	1							3
	6	9			8	4		
			7				3	
1		4		5		8		

이해하려고 노력하는 행동이 미덕의 첫 단계이자 유일한 기본이다. - 스피노자

61

月 日

3			2	5			1	8
2	9		1				7	
					6			
4				7	5		2	
9	8				1		3	4
	1			6				
8	2		4	1			5	
	7					3	4	

인간은 선천적으로는 거의 비슷하나 후천적으로 큰 차이가 나게 된다. - 공자

62

月 日

	1			3	4		2	
5			2			3		
		4			5			1
	2			6			8	
8			9			4		
		7			1			2
	4			5			7	
1			6			5		
		8		7	2			4

인간은 인생의 방향을 결정할 규칙을 가지고 있어야 한다. - 존 웨인

63

月 日

	7		9		1		4	
4		3				2		8
1	2			3			7	6
			6		4			
6	4			9			8	1
			3		6			
		2				8		
	1		4		2		9	

인간은 항상 시간이 모자란다고 불평을 하면서
마치 시간이 무한정 있는 것처럼 행동한다. - 세네카

64

月　　　日

	2			4			7	
	6		9		1	2		4
9			5					
8			6				1	
7		5				3		9
	4				5			7
					3			8
2		9	7		4		3	
	3			6			4	

인격, 즉 스스로 인생에 대해 책임지려는 의지는
자아를 존중하는 마음이 솟는 원천이다. - 조앤 디디온

65

月 日

			3	7	1			
3		6	2			4		1
		2				5		
2			4			6		5
1					7			3
				3				
9				5				8
8				6				7
	3	1		2		9	4	

인생에서 가장 의미없이 보낸 날은 웃지 않고 보낸 날이다. - E. E. 커밍스

66

月　　日

			6	7			9	
		8			5			3
	1		3		9			6
4		7			2		5	9
6				1		4		
	8	9	4		3			
				9		2		4
			7				6	
			1			3		

인생에서 원하는 것을 얻기 위한 첫 번째 단계는
내가 무엇을 원하는지 결정하는 것이다. - 벤 스타인

67

月　　日

				2				
	1	3				4	5	
5			4		1			6
		8		5		9		
4	2			7			6	1
		7		1		3		
2			5		3			4
	9	6				1	3	
				6				

인생은 3막이 고약하게 쓰여진 조금 괜찮은 연극이다. - 트루먼 카포트

68

月 日

5	9				1			
1	4					2		
					5		4	8
		4				5		
	6		5		4		3	
		3				7		
2	1		6					
		5		4		9	7	
			9			6	8	

인생은 겸손에 대한 오랜 수업이다. - 제임스 M. 배리

69

月 日

	7						9	
1			6	8	7			5
		6			5	4		
		1		7		8		
			4	6	8			
6		2				9		4
		7				3		
3			1	2	4			9
	6						8	

인생은 끔찍하거나 비참하거나 둘 중 하나다. - 우디 앨런

70

月 日

	9				1	3		
5				2			6	
				4		5		1
					4			7
	6	7				8	9	
1			5					
7		8		9				
	4			6			8	
		9	7					

인생은 될 대로 되는 것이 아니라 생각하는 대로 되는 것이다.
자신이 어떤 마음을 먹느냐에 따라 모든 것이 결정된다. 사람은 생각하는 대로
산다. 생각하지 않고 살아가면 살아가는 대로 생각한다. - 조엘 오스틴

71

月 日

4								3
		9	5		7	1		
	1			2			8	
	2		9		1		4	
	8			4			3	
		7				9		
2			4		6			1
1				5				8
	6	8				4	9	

인생은 밀림 속의 동물원이다. - 피터 드 브리스

72

月 日

	6	9				2		
1			4			5		
7				9			8	3
	4				8			
		7		5		6		
			6				2	
9	7			2		8		4
		4			3			
		8				9		

인생은 사람들 앞에서 바이올린을 켜면서
바이올린을 배우는 것과 같다. - 사무엘 버틀러

73

月　　日

					4	6		
	4	7					5	
8			6		2	4	1	
5				2				
	7	1		3		5	2	
				4				6
	1	4	5		8			9
	2					3	7	
		5	2					

인생은 외국어이다.
모든 사람이 그것을 잘못 발음한다. - 크리스토퍼 몰리

74

月 日

9		4				3		8
	5		7		6		1	
		6				2		
			4		7			
	2			5			9	
		8				1		
			5	1	2			
4								6
	9		6		3		7	

인생은 위험의 연속이다. - 다이앤 프롤로브

75

月 日

	8			6			9	
1		2				7		3
7								4
		8	3		6	2		
	4			5			3	
	6						7	
		9				8		
8			1		5			6
	2			4			1	

인생은 자전거를 타는 것과 같다.
균형을 잡으려면 움직여야 한다. - 알버트 아인슈타인

76

月 日

			2		1			
		4				7		
7			6		5			1
		3				4		
	6			1			5	
		8				6		
	7			5			6	
9			7		8			5
	2		1		3		4	

인생은 지긋지긋한 일의 반복이 아니라
지긋지긋한 일의 연속이다. - 에드나 밀레이

77

月 日

	3						1	
8			3		4			7
		4		5		6		
	1		2		8		5	
		9		6		8		
	5		9		7		6	
		3		2		7		
1			8		9			6
	2						3	

인생의 비극은 우리가 너무 일찍 늙고
너무 늦게 현명해진다는 것이다. - 벤자민 프랭클린

78

月 日

							8	2
		1	2			4		5
	4			8			1	
	3			7				
		2	5			6	9	
					4	5		
	2			4	6	8		1
4		8		1				
1	5					3		

인생이 어떻든 상관없이 인간은 복수를 꿈꾼다. - 폴 고갱

79

月 日

					5			4
		1	6			2		
	4			2			3	1
1								
4		2	5	3		7	8	6
8					6			3
	2			4				5
		8	7				1	
5						8		

인생이란 결코 공평하지 않다. 이 사실에 익숙해져라. - 빌 게이츠

80

月　　日

						2	1	
					1			4
	4	5			9			8
6			5			4	8	
2			9					
	7	3			8	9		
				8			6	
3	2			6			5	
					7	3		

자기 반성은 지혜를 배우는 학교이다. - 발타자르 그라시안

81

月 日

							8	
		7	8			9		2
	1			9			3	
	3			4		8		
		4	7		9			
				3	8	5	4	
	5		6		4			9
8		3			1			
	2					6		

자신이 생각하기에 따라 인생이 달라진다. - 마르쿠스 아우렐리우스

82

月 日

		6			1			9
	7			5			8	
4					7	2		
			5			4		
	3			4			7	
1		2			3			
		8	9					6
	2			7			5	
3						1		

자제는 최대의 승리이다. - 플라톤

83

月 日

		3	7			2	4	
					9			
	6	7			8			
3						9	5	
2					6			3
	1	5			4			2
4			6			7	8	
7			5					
	5	9			1	3		

절대 어제를 후회하지 마라. 인생은 오늘의 나 안에 있고,

내일은 스스로 만드는 것이다. - L. 론 허바드

84

月 日

		6				9		
	5			2			6	
4			7		8			3
		2			1	3		
5								7
		1	4			6		
6			2		3			1
	2			1			4	
		8				7		

젊었을 때 배움을 게을리 한 사람은

과거를 상실하며 미래도 없다. - 에우리피데스

85

月 日

3		9				7		4
	8			7			6	
7			5		8			1
				6				
	3						5	
5		4				3		6
	6			4			7	
			1		2			
1	9			8			3	2

젊음은 알지 못한 것을 탄식하고
나이는 하지 못한 것을 탄식한다. - 앙리 에스티엔

86

月 日

	1				2		4	
	5		6			7		
		6						
3				4				1
1	4		7		5		2	9
9				1				7
						6		
		9			6		8	
	7		8				1	

젊음을 불완전에 대한 핑계로 대지 말라,

나이와 명성 또한 나태함에 대한 핑계로 대지 말라. – 벤자민 헤이던

87

月　　日

			4		2			
		5				3		
	7		6		8		9	
1		3				2		4
				6				
7		9				6		8
	5		3		4		8	
		4				9		
2			7		9			

좋은 책을 읽는 것은
과거 몇 세기의 가장 훌륭한 사람들과 이야기를 나누는 것과 같다. - 데카르트

88

月 日

1	2		8			4	3	
	4	9			5		8	
					4			
5		6	3					2
4						9		6
			4	1		3		
	6							
	8			9	2		6	5

죽음을 그토록 두려워 말라.

못난 인생을 두려워하라. - 베르톨트 브레히트

89

月 日

9				2	8			
	7	5	1				3	2
	3					9		
	2				3	7		8
3				4				6
		6	2				4	
		7					5	
1	6				9	8		
				1				4

지나간 슬픔에 새로운 눈물을 낭비하지 말라. - 에우리피데스

90

月 日

	4		3					
7		5					2	
	1					9		
5		6		4	9			3
	3			7			6	
9			6	8		1		4
		4					9	
	2					6		5
					5		1	

지혜를 얻으려면 마음을 열어라. - 헤라클레이토스

91

月 日

		1				5		
			4	2	3			
3								2
	5		3		2		1	
	3			8			4	
	6		7		5		8	
4								3
			5	6	7			
		2				8		

진실은 웅변과 미덕의 비결이다. 도덕적 권위의 기초이고,
예술과 인생의 정점이다. - 앙리 프레데릭 아미엘

92

月　　日

4			9				2	
		8			1			3
	5			7		8		
8			7				5	
		5				1		
	2		3		9			4
				4			9	
9			6			3		
	1				7			8

처음에는 우리가 습관을 만들지만
그 다음에는 습관이 우리를 만든다. - 존 드라이든

93

月 日

6				2			9	4
2			6			3		
	7		3	9	8			
		2	5		3	7		
		4		6		1		
		3	8		7	6		
			4	7	2		3	
		9			5			6
1	2			3				5

청년기의 자존심은 혈기와 아름다움에 있지만,
노년기의 자존심은 분별력에 있다. - 데모크리토스

94

月 日

			3					
		9		2		6	1	
	7				5			4
1						9		5
	4				7			6
		6		8		4	2	
	1		8		9			
	8				4			
		4	7	1				

최대의 승리는 자기 자신을 정복하는 것이다.
자기 자신에게 정복당하는 것은 최대의 수치이다. - 플라톤

95

月 日

		5				6		
			4		3			
1				2				4
	3			4			1	
		4	5		6	2		
	9			1			6	
8				3				7
			6		4			
		9		5		1		

허영심은 사람을 수다스럽게 하고,
자존심은 우리를 침묵하게 한다. - 쇼펜하우어

96

月 日

		9					4	
			2					5
1	6			3				9
4	9			6			2	
			7			5		
		8			9			
	7			1			8	6
3							1	4
2					4			

현명한 사람은 친구들 중 바보보다는
자신의 적들로부터 더 큰 쓸모를 얻는다. - 발타사르 그라시안

97

月 日

		4				6		9
		7						
3	1		6				4	
		6		8		4		
			2	7				6
					1	3		
8			9		5		3	
		5				9	1	
9				3				4

현재가 과거와 다르길 바란다면 과거를 공부하라. - 스피노자

98

月 日

	1				8	9		
		3		6				2
	7				2			3
9					6		2	
		6	8		7	4		
	3			5				8
5			2				4	
				4		7		
			1				8	

현재뿐 아니라 미래까지 걱정한다면
인생은 살 가치가 없을 것이다. - 윌리엄 서머셋 모옴

99

月 日

		2		1				4
1		7				3		9
3				5		1		
		8		9				
6		4					1	
7					4		8	
			3		2			
	6		5				9	
	3				1		2	

호기심이 사라지는 순간 노년이 시작된다. - 보부아르

100

月　　日

9				6				8
	7						2	
5			2		1			4
6			9		4			7
	5						1	
				8				
		5		7		8		
	4	8				6	3	
1								9

희망만이 인생을 유일하게 사랑하는 것이다. - 앙리 프레데릭 아미엘

답

1

8	6	7	3	1	5	9	4	2
9	1	2	4	8	7	3	5	6
3	5	4	2	6	9	1	7	8
4	3	1	9	5	2	6	8	7
5	2	8	6	7	3	4	1	9
7	9	6	8	4	1	5	2	3
2	7	3	1	9	4	8	6	5
1	8	9	5	2	6	7	3	4
6	4	5	7	3	8	2	9	1

2

7	5	9	1	2	3	4	8	6
8	3	1	7	4	6	9	5	2
2	6	4	5	9	8	1	7	3
6	7	3	4	5	9	8	2	1
9	4	2	8	1	7	3	6	5
5	1	8	6	3	2	7	9	4
4	9	6	3	8	5	2	1	7
3	8	5	2	7	1	6	4	9
1	2	7	9	6	4	5	3	8

3

4	1	5	8	2	3	9	7	6
9	8	7	6	4	1	3	2	5
2	3	6	9	7	5	4	8	1
6	5	2	4	8	7	1	9	3
3	7	4	1	6	9	8	5	2
8	9	1	3	5	2	7	6	4
5	2	8	7	1	4	6	3	9
7	4	3	2	9	6	5	1	8
1	6	9	5	3	8	2	4	7

4

5	3	9	6	8	4	1	2	7
7	8	4	2	9	1	5	6	3
2	6	1	3	7	5	8	9	4
4	9	2	1	6	7	3	5	8
8	5	7	4	3	9	2	1	6
3	1	6	5	2	8	7	4	9
6	4	8	7	5	2	9	3	1
9	2	3	8	1	6	4	7	5
1	7	5	9	4	3	6	8	2

5

8	1	9	4	6	7	5	3	2
4	3	2	5	8	9	6	1	7
6	5	7	1	3	2	9	8	4
2	6	3	7	1	5	4	9	8
7	9	1	2	4	8	3	5	6
5	4	8	6	9	3	7	2	1
9	7	5	8	2	6	1	4	3
1	2	6	3	5	4	8	7	9
3	8	4	9	7	1	2	6	5

6

3	5	2	9	8	1	6	4	7
1	9	7	6	4	5	8	2	3
4	6	8	3	7	2	9	5	1
5	1	4	8	6	7	3	9	2
7	8	9	2	1	3	4	6	5
6	2	3	4	5	9	1	7	8
8	4	5	7	3	6	2	1	9
9	7	6	1	2	8	5	3	4
2	3	1	5	9	4	7	8	6

7

8	7	1	5	3	9	2	6	4
5	2	4	7	6	8	9	1	3
9	3	6	1	2	4	7	5	8
6	8	7	3	4	2	5	9	1
2	4	5	9	1	7	3	8	6
3	1	9	6	8	5	4	7	2
1	9	3	4	7	6	8	2	5
7	6	8	2	5	3	1	4	9
4	5	2	8	9	1	6	3	7

8

7	8	6	2	1	3	5	9	4
2	4	3	9	7	5	8	1	6
1	5	9	6	8	4	7	3	2
6	3	1	5	4	2	9	8	7
4	7	5	8	9	1	6	2	3
9	2	8	7	3	6	4	5	1
3	6	2	4	5	8	1	7	9
8	1	7	3	6	9	2	4	5
5	9	4	1	2	7	3	6	8

9

2	8	9	6	3	4	7	5	1
5	1	3	7	8	2	4	9	6
7	6	4	9	1	5	3	8	2
8	7	6	5	2	1	9	4	3
1	3	2	4	9	7	5	6	8
9	4	5	8	6	3	1	2	7
4	9	1	2	7	6	8	3	5
6	5	7	3	4	8	2	1	9
3	2	8	1	5	9	6	7	4

10

4	3	8	5	7	1	2	9	6
7	1	9	2	3	6	8	4	5
6	2	5	4	8	9	3	1	7
3	9	6	8	1	5	4	7	2
8	4	7	6	9	2	5	3	1
1	5	2	3	4	7	6	8	9
2	7	4	9	5	8	1	6	3
9	6	3	1	2	4	7	5	8
5	8	1	7	6	3	9	2	4

11

9	7	6	1	4	3	5	8	2
3	8	4	9	2	5	6	7	1
2	1	5	7	6	8	9	4	3
1	2	8	4	3	6	7	9	5
7	6	3	2	5	9	8	1	4
4	5	9	8	1	7	3	2	6
5	9	1	3	8	2	4	6	7
6	4	7	5	9	1	2	3	8
8	3	2	6	7	4	1	5	9

12

2	6	1	8	3	9	5	4	7
4	5	3	2	7	6	8	1	9
8	7	9	1	4	5	3	6	2
3	2	6	5	9	7	1	8	4
7	9	5	4	1	8	2	3	6
1	4	8	3	6	2	9	7	5
6	1	7	9	2	3	4	5	8
5	3	2	7	8	4	6	9	1
9	8	4	6	5	1	7	2	3

13

1	7	2	3	4	5	6	8	9
5	4	8	1	6	9	2	7	3
3	9	6	7	2	8	5	4	1
8	1	9	5	3	6	4	2	7
4	6	3	2	7	1	9	5	8
7	2	5	9	8	4	1	3	6
2	3	1	4	9	7	8	6	5
6	5	4	8	1	3	7	9	2
9	8	7	6	5	2	3	1	4

14

7	1	6	5	9	3	2	4	8
3	8	4	7	2	6	9	1	5
5	2	9	8	1	4	7	3	6
4	3	8	2	7	9	5	6	1
9	7	1	6	4	5	3	8	2
6	5	2	1	3	8	4	9	7
8	6	3	4	5	7	1	2	9
1	9	5	3	8	2	6	7	4
2	4	7	9	6	1	8	5	3

15

2	9	6	8	1	3	4	7	5
3	5	1	4	9	7	2	8	6
8	4	7	5	2	6	9	3	1
9	3	4	1	8	2	5	6	7
6	8	5	9	7	4	1	2	3
7	1	2	3	6	5	8	9	4
1	6	9	7	4	8	3	5	2
5	2	8	6	3	1	7	4	9
4	7	3	2	5	9	6	1	8

16

1	5	4	2	7	3	6	8	9
8	9	2	1	4	6	5	7	3
6	7	3	5	9	8	4	2	1
5	2	6	3	1	7	8	9	4
3	1	8	9	2	4	7	6	5
7	4	9	6	8	5	3	1	2
2	8	7	4	5	9	1	3	6
9	6	5	7	3	1	2	4	8
4	3	1	8	6	2	9	5	7

17

2	1	9	5	6	3	8	4	7
7	4	6	9	8	1	3	2	5
5	3	8	7	2	4	6	1	9
4	8	1	2	9	7	5	3	6
6	7	3	4	1	5	9	8	2
9	5	2	6	3	8	1	7	4
8	2	4	3	5	9	7	6	1
3	6	5	1	7	2	4	9	8
1	9	7	8	4	6	2	5	3

18

1	6	3	4	5	8	2	7	9
8	7	5	2	9	6	4	1	3
9	2	4	7	3	1	5	6	8
3	4	6	9	7	2	8	5	1
2	1	8	6	4	5	9	3	7
5	9	7	8	1	3	6	2	4
4	3	9	5	6	7	1	8	2
7	5	2	1	8	4	3	9	6
6	8	1	3	2	9	7	4	5

19

9	7	4	6	5	2	1	3	8
6	5	3	1	8	7	2	4	9
8	1	2	4	9	3	7	6	5
3	4	6	7	1	9	5	8	2
1	9	8	5	2	6	3	7	4
5	2	7	8	3	4	9	1	6
4	6	1	2	7	5	8	9	3
7	3	5	9	4	8	6	2	1
2	8	9	3	6	1	4	5	7

20

9	8	7	3	1	2	6	5	4
5	4	6	8	9	7	1	3	2
1	2	3	4	6	5	9	7	8
6	9	8	5	3	4	2	1	7
2	3	4	6	7	1	8	9	5
7	5	1	2	8	9	3	4	6
4	1	2	9	5	8	7	6	3
8	6	9	7	4	3	5	2	1
3	7	5	1	2	6	4	8	9

21

8	5	3	6	7	2	1	4	9
9	4	7	1	8	3	5	6	2
6	2	1	4	9	5	8	7	3
7	8	5	9	6	1	3	2	4
4	9	2	8	3	7	6	1	5
1	3	6	5	2	4	9	8	7
2	7	8	3	5	6	4	9	1
3	6	4	7	1	9	2	5	8
5	1	9	2	4	8	7	3	6

22

3	4	1	7	9	5	2	8	6
6	7	5	2	8	1	9	4	3
2	8	9	4	3	6	7	5	1
7	5	4	3	1	2	8	6	9
9	6	3	8	4	7	5	1	2
8	1	2	5	6	9	4	3	7
1	9	7	6	5	4	3	2	8
4	2	8	1	7	3	6	9	5
5	3	6	9	2	8	1	7	4

23

6	8	5	3	4	1	7	9	2
4	7	1	2	8	9	3	6	5
3	2	9	6	5	7	4	1	8
5	3	8	7	6	2	9	4	1
2	1	4	5	9	3	6	8	7
7	9	6	8	1	4	5	2	3
1	6	7	9	3	8	2	5	4
9	4	2	1	7	5	8	3	6
8	5	3	4	2	6	1	7	9

24

6	5	4	9	1	2	3	7	8
2	1	9	3	7	8	4	5	6
3	8	7	4	5	6	9	2	1
9	2	6	1	4	5	8	3	7
1	3	5	7	8	9	2	6	4
7	4	8	6	2	3	5	1	9
4	9	1	2	3	7	6	8	5
5	7	2	8	6	4	1	9	3
8	6	3	5	9	1	7	4	2

25

7	6	8	9	1	5	2	4	3
4	5	9	2	6	3	1	8	7
3	2	1	8	4	7	5	6	9
9	4	3	5	7	8	6	1	2
6	7	5	3	2	1	4	9	8
1	8	2	4	9	6	3	7	5
2	3	7	6	8	4	9	5	1
8	9	6	1	5	2	7	3	4
5	1	4	7	3	9	8	2	6

26

4	7	5	2	9	1	8	3	6
2	8	9	6	3	4	1	5	7
1	3	6	5	8	7	2	4	9
8	9	4	3	7	2	6	1	5
7	6	3	1	5	9	4	2	8
5	2	1	4	6	8	9	7	3
6	4	7	9	2	3	5	8	1
9	1	8	7	4	5	3	6	2
3	5	2	8	1	6	7	9	4

27

1	7	5	9	2	3	6	8	4
8	3	6	7	5	4	2	9	1
9	4	2	6	1	8	7	5	3
2	1	3	4	8	9	5	7	6
4	8	9	5	6	7	3	1	2
5	6	7	1	3	2	9	4	8
3	5	4	2	7	1	8	6	9
6	2	1	8	9	5	4	3	7
7	9	8	3	4	6	1	2	5

28

1	5	9	8	3	6	4	7	2
2	8	7	1	9	4	5	6	3
4	6	3	2	7	5	9	1	8
9	7	6	3	8	2	1	5	4
5	2	8	4	1	9	6	3	7
3	4	1	5	6	7	2	8	9
6	3	4	7	2	1	8	9	5
7	1	2	9	5	8	3	4	6
8	9	5	6	4	3	7	2	1

29

5	7	4	3	9	2	6	8	1
1	6	3	5	8	4	9	7	2
8	2	9	1	6	7	5	3	4
6	3	7	9	1	8	4	2	5
9	8	1	4	2	5	3	6	7
2	4	5	7	3	6	8	1	9
4	1	2	6	5	3	7	9	8
7	9	6	8	4	1	2	5	3
3	5	8	2	7	9	1	4	6

30

6	1	3	7	9	2	5	8	4
4	9	5	6	1	8	3	2	7
7	8	2	4	3	5	1	6	9
5	7	6	2	4	9	8	1	3
8	2	1	5	7	3	4	9	6
3	4	9	8	6	1	7	5	2
9	5	8	3	2	4	6	7	1
1	6	4	9	8	7	2	3	5
2	3	7	1	5	6	9	4	8

31

3	1	6	5	9	2	4	7	8
4	7	2	1	8	3	9	5	6
5	8	9	4	6	7	3	2	1
6	9	4	3	7	5	8	1	2
1	5	3	6	2	8	7	4	9
7	2	8	9	4	1	6	3	5
8	3	5	7	1	6	2	9	4
2	4	7	8	5	9	1	6	3
9	6	1	2	3	4	5	8	7

32

7	2	8	6	1	4	5	9	3
1	9	3	8	2	5	6	7	4
5	6	4	3	7	9	2	1	8
3	1	6	5	4	7	9	8	2
9	8	7	1	3	2	4	6	5
4	5	2	9	6	8	1	3	7
6	7	1	2	5	3	8	4	9
2	3	9	4	8	6	7	5	1
8	4	5	7	9	1	3	2	6

33

8	4	1	7	9	6	2	5	3
5	7	6	1	2	3	8	9	4
9	3	2	8	5	4	7	6	1
1	6	9	5	3	7	4	8	2
3	5	8	6	4	2	9	1	7
4	2	7	9	8	1	5	3	6
7	8	3	4	6	5	1	2	9
6	9	4	2	1	8	3	7	5
2	1	5	3	7	9	6	4	8

34

4	9	8	2	3	7	5	1	6
3	2	6	5	1	8	7	4	9
1	5	7	6	9	4	2	8	3
7	3	1	9	8	5	6	2	4
6	8	5	1	4	2	9	3	7
9	4	2	3	7	6	1	5	8
2	7	4	8	6	1	3	9	5
5	6	9	4	2	3	8	7	1
8	1	3	7	5	9	4	6	2

35

9	8	1	4	5	7	2	3	6
6	3	4	1	2	9	7	8	5
2	5	7	3	8	6	1	4	9
4	7	9	8	6	5	3	2	1
8	1	3	9	4	2	6	5	7
5	2	6	7	3	1	8	9	4
1	4	2	6	9	8	5	7	3
3	6	5	2	7	4	9	1	8
7	9	8	5	1	3	4	6	2

36

8	6	4	1	5	9	2	3	7
1	9	3	4	2	7	5	8	6
5	7	2	3	8	6	4	9	1
3	4	5	6	9	2	1	7	8
7	1	9	8	4	5	3	6	2
6	2	8	7	3	1	9	5	4
2	3	7	5	6	4	8	1	9
4	8	1	9	7	3	6	2	5
9	5	6	2	1	8	7	4	3

37

1	7	2	6	5	3	4	9	8
5	4	9	7	2	8	6	3	1
3	6	8	1	9	4	7	5	2
4	9	6	3	8	5	2	1	7
7	2	3	4	1	9	8	6	5
8	1	5	2	6	7	3	4	9
6	8	1	5	3	2	9	7	4
9	5	7	8	4	6	1	2	3
2	3	4	9	7	1	5	8	6

38

2	5	9	7	3	1	8	6	4
7	3	6	8	9	4	2	1	5
1	8	4	5	2	6	7	3	9
3	6	8	9	7	2	4	5	1
4	2	7	3	1	5	6	9	8
5	9	1	4	6	8	3	7	2
9	4	3	2	5	7	1	8	6
8	1	5	6	4	3	9	2	7
6	7	2	1	8	9	5	4	3

39

4	8	2	1	3	7	5	9	6
1	6	7	8	5	9	2	3	4
5	9	3	2	4	6	8	7	1
3	7	5	4	2	1	6	8	9
6	4	9	3	7	8	1	2	5
8	2	1	6	9	5	3	4	7
2	3	6	9	1	4	7	5	8
9	5	8	7	6	2	4	1	3
7	1	4	5	8	3	9	6	2

40

2	7	1	5	9	6	4	3	8
5	3	9	4	1	8	2	6	7
6	8	4	3	7	2	5	1	9
7	5	6	2	8	4	3	9	1
8	1	3	9	6	5	7	4	2
4	9	2	1	3	7	6	8	5
9	4	7	8	5	3	1	2	6
1	2	5	6	4	9	8	7	3
3	6	8	7	2	1	9	5	4

41

3	2	7	8	5	1	6	9	4
8	6	9	2	4	3	1	7	5
5	4	1	9	6	7	2	3	8
7	5	3	4	2	6	9	8	1
4	8	6	5	1	9	7	2	3
9	1	2	3	7	8	4	5	6
1	3	8	7	9	4	5	6	2
2	9	4	6	8	5	3	1	7
6	7	5	1	3	2	8	4	9

42

1	2	6	4	9	7	8	3	5
7	9	3	8	6	5	2	1	4
4	5	8	2	3	1	9	7	6
3	6	5	7	2	8	4	9	1
9	7	2	1	4	3	5	6	8
8	1	4	9	5	6	3	2	7
6	4	9	5	1	2	7	8	3
5	3	7	6	8	9	1	4	2
2	8	1	3	7	4	6	5	9

43

5	2	7	9	3	6	8	4	1
8	4	1	7	2	5	6	9	3
3	9	6	1	8	4	5	2	7
2	5	8	6	9	3	1	7	4
9	7	3	5	4	1	2	8	6
1	6	4	2	7	8	9	3	5
4	1	2	3	5	9	7	6	8
7	3	5	8	6	2	4	1	9
6	8	9	4	1	7	3	5	2

44

3	7	9	2	8	1	5	6	4
5	1	6	7	4	9	8	3	2
4	8	2	3	5	6	1	7	9
6	5	3	8	2	4	7	9	1
7	2	8	9	1	5	3	4	6
1	9	4	6	3	7	2	5	8
9	6	1	5	7	8	4	2	3
2	4	5	1	9	3	6	8	7
8	3	7	4	6	2	9	1	5

45

2	7	3	1	4	9	5	6	8
9	4	8	6	5	7	1	3	2
1	6	5	3	2	8	7	9	4
6	8	4	9	1	3	2	7	5
3	2	9	4	7	5	6	8	1
5	1	7	8	6	2	9	4	3
4	9	1	5	8	6	3	2	7
8	3	2	7	9	1	4	5	6
7	5	6	2	3	4	8	1	9

46

4	6	8	1	2	7	5	3	9
3	7	1	5	9	4	8	6	2
9	2	5	3	6	8	4	7	1
8	5	9	4	7	3	2	1	6
1	4	7	2	8	6	3	9	5
2	3	6	9	1	5	7	8	4
5	1	4	8	3	9	6	2	7
7	9	3	6	4	2	1	5	8
6	8	2	7	5	1	9	4	3

47

2	3	5	7	4	6	1	8	9
9	4	7	1	8	5	3	2	6
1	8	6	3	9	2	4	5	7
3	6	4	8	5	9	7	1	2
7	2	8	4	3	1	9	6	5
5	9	1	6	2	7	8	4	3
6	7	9	2	1	4	5	3	8
4	5	3	9	6	8	2	7	1
8	1	2	5	7	3	6	9	4

48

7	8	9	1	3	2	6	4	5
3	6	2	8	5	4	1	9	7
1	5	4	6	9	7	3	2	8
4	9	8	3	7	6	5	1	2
5	2	7	9	4	1	8	6	3
6	3	1	2	8	5	9	7	4
2	4	6	5	1	8	7	3	9
8	1	3	7	2	9	4	5	6
9	7	5	4	6	3	2	8	1

49

5	9	1	3	6	7	2	8	4
3	6	7	8	4	2	9	1	5
8	4	2	5	9	1	3	7	6
1	2	3	4	7	6	8	5	9
9	8	6	2	3	5	7	4	1
4	7	5	9	1	8	6	2	3
2	3	9	1	8	4	5	6	7
7	1	8	6	5	9	4	3	2
6	5	4	7	2	3	1	9	8

50

5	6	8	2	7	9	3	1	4
1	9	2	4	3	6	5	7	8
3	4	7	5	8	1	9	2	6
7	1	6	3	5	2	8	4	9
2	5	3	8	9	4	7	6	1
4	8	9	6	1	7	2	5	3
9	7	5	1	4	8	6	3	2
6	3	4	9	2	5	1	8	7
8	2	1	7	6	3	4	9	5

51

7	2	9	8	6	1	4	5	3
3	8	5	4	7	9	2	6	1
4	6	1	2	3	5	8	9	7
5	3	4	6	1	7	9	2	8
2	9	6	5	8	3	7	1	4
8	1	7	9	4	2	5	3	6
1	5	3	7	2	8	6	4	9
9	4	8	3	5	6	1	7	2
6	7	2	1	9	4	3	8	5

52

6	5	3	1	2	8	9	7	4
7	8	9	4	6	5	1	2	3
4	1	2	7	3	9	5	6	8
2	7	6	8	1	3	4	9	5
8	4	5	9	7	2	6	3	1
9	3	1	6	5	4	2	8	7
3	9	4	2	8	1	7	5	6
1	6	8	5	9	7	3	4	2
5	2	7	3	4	6	8	1	9

53

7	9	6	4	2	5	1	8	3
4	2	1	9	8	3	6	7	5
3	8	5	7	6	1	4	2	9
8	6	9	1	3	2	5	4	7
1	5	3	8	4	7	9	6	2
2	7	4	6	5	9	8	3	1
9	4	7	2	1	6	3	5	8
6	3	2	5	9	8	7	1	4
5	1	8	3	7	4	2	9	6

54

7	8	4	1	6	5	3	9	2
9	5	3	2	8	7	6	1	4
2	6	1	9	3	4	8	7	5
8	9	6	3	4	1	5	2	7
5	4	2	6	7	8	1	3	9
3	1	7	5	2	9	4	6	8
6	3	9	8	5	2	7	4	1
4	2	8	7	1	6	9	5	3
1	7	5	4	9	3	2	8	6

55

7	5	1	9	2	6	8	3	4
2	4	6	5	8	3	9	1	7
3	9	8	7	1	4	2	5	6
4	6	9	3	7	8	1	2	5
5	3	7	2	6	1	4	8	9
1	8	2	4	9	5	6	7	3
9	7	3	1	4	2	5	6	8
8	1	4	6	5	7	3	9	2
6	2	5	8	3	9	7	4	1

56

7	2	1	8	5	6	9	3	4
8	9	6	4	2	3	5	1	7
5	4	3	1	9	7	8	6	2
6	7	9	3	8	4	1	2	5
4	5	8	2	6	1	7	9	3
3	1	2	9	7	5	6	4	8
9	3	7	6	4	8	2	5	1
1	6	5	7	3	2	4	8	9
2	8	4	5	1	9	3	7	6

57

6	9	4	8	1	2	5	3	7
3	7	5	6	9	4	1	2	8
8	1	2	3	5	7	9	4	6
4	2	9	1	7	6	8	5	3
1	6	3	5	8	9	2	7	4
5	8	7	4	2	3	6	9	1
2	5	1	7	3	8	4	6	9
9	3	6	2	4	1	7	8	5
7	4	8	9	6	5	3	1	2

58

9	4	5	7	2	8	6	3	1
2	3	7	9	6	1	4	8	5
6	8	1	4	5	3	7	2	9
8	6	9	5	4	7	2	1	3
1	7	2	3	8	9	5	4	6
4	5	3	6	1	2	9	7	8
7	9	4	1	3	5	8	6	2
3	2	6	8	9	4	1	5	7
5	1	8	2	7	6	3	9	4

59

3	9	8	6	1	2	7	5	4
2	5	1	3	4	7	8	9	6
6	7	4	9	8	5	3	1	2
4	3	5	1	7	8	6	2	9
8	2	9	5	3	6	4	7	1
1	6	7	2	9	4	5	3	8
5	8	3	4	2	9	1	6	7
7	1	2	8	6	3	9	4	5
9	4	6	7	5	1	2	8	3

60

2	7	3	5	1	4	9	8	6
9	8	1	6	2	7	3	4	5
6	4	5	9	8	3	7	2	1
4	5	7	3	9	2	6	1	8
3	9	2	8	6	1	5	7	4
8	1	6	4	7	5	2	9	3
7	6	9	1	3	8	4	5	2
5	2	8	7	4	6	1	3	9
1	3	4	2	5	9	8	6	7

61

3	4	7	2	5	9	6	1	8
2	9	6	1	4	8	5	7	3
1	5	8	7	3	6	4	9	2
4	6	1	3	7	5	8	2	9
9	8	5	6	2	1	7	3	4
7	3	2	8	9	4	1	6	5
5	1	4	9	6	3	2	8	7
8	2	3	4	1	7	9	5	6
6	7	9	5	8	2	3	4	1

62

7	1	6	8	3	4	9	2	5
5	8	9	2	1	6	3	4	7
2	3	4	7	9	5	8	6	1
4	2	1	5	6	3	7	8	9
8	6	5	9	2	7	4	1	3
3	9	7	4	8	1	6	5	2
9	4	3	1	5	8	2	7	6
1	7	2	6	4	9	5	3	8
6	5	8	3	7	2	1	9	4

63

8	7	6	9	2	1	5	4	3
4	9	3	7	6	5	2	1	8
2	5	1	8	4	3	7	6	9
1	2	9	5	3	8	4	7	6
7	3	8	6	1	4	9	5	2
6	4	5	2	9	7	3	8	1
9	8	4	3	5	6	1	2	7
5	6	2	1	7	9	8	3	4
3	1	7	4	8	2	6	9	5

64

5	2	1	3	4	8	9	7	6
3	6	8	9	7	1	2	5	4
9	7	4	5	2	6	1	8	3
8	9	2	6	3	7	4	1	5
7	1	5	4	8	2	3	6	9
6	4	3	1	9	5	8	2	7
4	5	6	2	1	3	7	9	8
2	8	9	7	5	4	6	3	1
1	3	7	8	6	9	5	4	2

65

4	5	9	3	7	1	8	6	2
3	8	6	2	9	5	4	7	1
7	1	2	8	4	6	5	3	9
2	7	3	4	1	9	6	8	5
1	4	5	6	8	7	2	9	3
6	9	8	5	3	2	7	1	4
9	6	7	1	5	4	3	2	8
8	2	4	9	6	3	1	5	7
5	3	1	7	2	8	9	4	6

66

5	4	3	6	7	1	8	9	2
9	6	8	2	4	5	7	1	3
7	1	2	3	8	9	5	4	6
4	3	7	8	6	2	1	5	9
6	2	5	9	1	7	4	3	8
1	8	9	4	5	3	6	2	7
3	7	1	5	9	6	2	8	4
2	5	4	7	3	8	9	6	1
8	9	6	1	2	4	3	7	5

67

8	6	4	9	2	5	7	1	3
9	1	3	7	8	6	4	5	2
5	7	2	4	3	1	8	9	6
1	3	8	6	5	4	9	2	7
4	2	9	3	7	8	5	6	1
6	5	7	2	1	9	3	4	8
2	8	1	5	9	3	6	7	4
7	9	6	8	4	2	1	3	5
3	4	5	1	6	7	2	8	9

68

5	9	2	4	8	1	3	6	7
1	4	8	3	6	7	2	9	5
3	7	6	2	9	5	1	4	8
8	2	4	7	3	9	5	1	6
7	6	1	5	2	4	8	3	9
9	5	3	8	1	6	7	2	4
2	1	9	6	7	8	4	5	3
6	8	5	1	4	3	9	7	2
4	3	7	9	5	2	6	8	1

69

5	7	3	2	4	1	6	9	8
1	4	9	6	8	7	2	3	5
8	2	6	3	9	5	4	1	7
4	3	1	9	7	2	8	5	6
7	9	5	4	6	8	1	2	3
6	8	2	5	1	3	9	7	4
9	1	7	8	5	6	3	4	2
3	5	8	1	2	4	7	6	9
2	6	4	7	3	9	5	8	1

70

2	9	6	8	5	1	3	7	4
5	1	4	3	2	7	9	6	8
8	7	3	9	4	6	5	2	1
9	3	5	6	8	4	2	1	7
4	6	7	1	3	2	8	9	5
1	8	2	5	7	9	6	4	3
7	2	8	4	9	3	1	5	6
3	4	1	2	6	5	7	8	9
6	5	9	7	1	8	4	3	2

71

4	5	2	1	9	8	6	7	3
8	3	9	5	6	7	1	2	4
7	1	6	3	2	4	5	8	9
3	2	5	9	7	1	8	4	6
9	8	1	6	4	5	2	3	7
6	4	7	8	3	2	9	1	5
2	9	3	4	8	6	7	5	1
1	7	4	2	5	9	3	6	8
5	6	8	7	1	3	4	9	2

72

4	6	9	8	3	5	2	1	7
1	8	3	4	7	2	5	6	9
7	2	5	1	9	6	4	8	3
6	4	2	3	1	8	7	9	5
8	3	7	2	5	9	6	4	1
5	9	1	6	4	7	3	2	8
9	7	6	5	2	1	8	3	4
2	5	4	9	8	3	1	7	6
3	1	8	7	6	4	9	5	2

73

1	5	2	7	8	4	6	9	3
6	4	7	3	1	9	8	5	2
8	9	3	6	5	2	4	1	7
5	3	6	8	2	7	9	4	1
4	7	1	9	3	6	5	2	8
2	8	9	1	4	5	7	3	6
3	1	4	5	7	8	2	6	9
9	2	8	4	6	1	3	7	5
7	6	5	2	9	3	1	8	4

74

9	7	4	1	2	5	3	6	8
3	5	2	7	8	6	4	1	9
1	8	6	3	9	4	2	5	7
5	1	9	4	3	7	6	8	2
6	2	3	8	5	1	7	9	4
7	4	8	2	6	9	1	3	5
8	6	7	5	1	2	9	4	3
4	3	1	9	7	8	5	2	6
2	9	5	6	4	3	8	7	1

75

5	8	4	7	6	3	1	9	2
1	9	2	5	8	4	7	6	3
7	3	6	2	1	9	5	8	4
9	5	8	3	7	6	2	4	1
2	4	7	9	5	1	6	3	8
3	6	1	4	2	8	9	7	5
4	1	9	6	3	2	8	5	7
8	7	3	1	9	5	4	2	6
6	2	5	8	4	7	3	1	9

76

6	3	9	2	7	1	5	8	4
5	1	4	8	3	9	7	2	6
7	8	2	6	4	5	3	9	1
1	9	3	5	8	6	4	7	2
4	6	7	3	1	2	8	5	9
2	5	8	4	9	7	6	1	3
3	7	1	9	5	4	2	6	8
9	4	6	7	2	8	1	3	5
8	2	5	1	6	3	9	4	7

77

5	3	2	7	8	6	9	1	4
8	6	1	3	9	4	5	2	7
7	9	4	1	5	2	6	8	3
6	1	7	2	4	8	3	5	9
2	4	9	5	6	3	8	7	1
3	5	8	9	1	7	4	6	2
4	8	3	6	2	1	7	9	5
1	7	5	8	3	9	2	4	6
9	2	6	4	7	5	1	3	8

78

3	6	7	4	5	1	9	8	2
8	9	1	2	6	7	4	3	5
2	4	5	9	8	3	7	1	6
5	3	4	6	7	9	1	2	8
7	1	2	5	3	8	6	9	4
6	8	9	1	2	4	5	7	3
9	2	3	7	4	6	8	5	1
4	7	8	3	1	5	2	6	9
1	5	6	8	9	2	3	4	7

79

2	8	9	3	1	5	6	7	4
3	5	1	6	7	4	2	9	8
7	4	6	8	2	9	5	3	1
1	6	3	4	8	7	9	5	2
4	9	2	5	3	1	7	8	6
8	7	5	2	9	6	1	4	3
9	2	7	1	4	8	3	6	5
6	3	8	7	5	2	4	1	9
5	1	4	9	6	3	8	2	7

80

8	3	9	4	5	6	2	1	7
7	6	2	8	3	1	5	9	4
1	4	5	7	2	9	6	3	8
6	9	1	5	7	2	4	8	3
2	5	8	9	4	3	1	7	6
4	7	3	6	1	8	9	2	5
9	1	4	3	8	5	7	6	2
3	2	7	1	6	4	8	5	9
5	8	6	2	9	7	3	4	1

81

3	9	2	5	6	7	1	8	4
6	4	7	8	1	3	9	5	2
5	1	8	4	9	2	7	3	6
2	3	5	1	4	6	8	9	7
1	8	4	7	5	9	2	6	3
9	7	6	2	3	8	5	4	1
7	5	1	6	8	4	3	2	9
8	6	3	9	2	1	4	7	5
4	2	9	3	7	5	6	1	8

82

5	8	6	2	3	1	7	4	9
2	7	3	4	5	9	6	8	1
4	1	9	6	8	7	2	3	5
8	9	7	5	6	2	4	1	3
6	3	5	1	4	8	9	7	2
1	4	2	7	9	3	5	6	8
7	5	8	9	1	4	3	2	6
9	2	1	3	7	6	8	5	4
3	6	4	8	2	5	1	9	7

83

8	9	3	7	6	5	2	4	1
5	2	4	1	3	9	8	6	7
1	6	7	4	2	8	5	3	9
3	4	6	2	1	7	9	5	8
2	7	8	9	5	6	4	1	3
9	1	5	3	8	4	6	7	2
4	3	1	6	9	2	7	8	5
7	8	2	5	4	3	1	9	6
6	5	9	8	7	1	3	2	4

84

2	3	6	1	5	4	9	7	8
8	5	7	3	2	9	1	6	4
4	1	9	7	6	8	2	5	3
9	4	2	6	7	1	3	8	5
5	6	3	8	9	2	4	1	7
7	8	1	4	3	5	6	2	9
6	7	4	2	8	3	5	9	1
3	2	5	9	1	7	8	4	6
1	9	8	5	4	6	7	3	2

85

3	5	9	6	2	1	7	8	4
2	8	1	4	7	9	5	6	3
7	4	6	5	3	8	9	2	1
9	1	8	3	6	5	2	4	7
6	3	7	2	1	4	8	5	9
5	2	4	8	9	7	3	1	6
8	6	2	9	4	3	1	7	5
4	7	3	1	5	2	6	9	8
1	9	5	7	8	6	4	3	2

86

7	1	3	9	8	2	5	4	6
4	5	2	6	3	1	7	9	8
8	9	6	4	5	7	1	3	2
3	6	7	2	4	9	8	5	1
1	4	8	7	6	5	3	2	9
9	2	5	3	1	8	4	6	7
2	8	1	5	9	4	6	7	3
5	3	9	1	7	6	2	8	4
6	7	4	8	2	3	9	1	5

87

6	9	1	4	3	2	8	7	5
4	8	5	9	7	1	3	6	2
3	7	2	6	5	8	4	9	1
1	6	3	8	9	7	2	5	4
5	4	8	2	6	3	7	1	9
7	2	9	1	4	5	6	3	8
9	5	7	3	2	4	1	8	6
8	3	4	5	1	6	9	2	7
2	1	6	7	8	9	5	4	3

88

1	2	5	8	6	7	4	3	9
6	3	8	9	4	1	5	2	7
7	4	9	2	3	5	6	8	1
8	9	2	6	5	4	7	1	3
5	1	6	3	7	9	8	4	2
4	7	3	1	2	8	9	5	6
2	5	7	4	1	6	3	9	8
9	6	1	5	8	3	2	7	4
3	8	4	7	9	2	1	6	5

89

9	4	1	3	2	8	6	7	5
8	7	5	1	9	6	4	3	2
6	3	2	5	7	4	9	8	1
5	2	4	9	6	3	7	1	8
3	1	8	7	4	5	2	9	6
7	9	6	2	8	1	5	4	3
4	8	7	6	3	2	1	5	9
1	6	3	4	5	9	8	2	7
2	5	9	8	1	7	3	6	4

90

2	4	9	3	6	1	5	8	7
7	6	5	4	9	8	3	2	1
3	1	8	2	5	7	9	4	6
5	8	6	1	4	9	2	7	3
4	3	1	5	7	2	8	6	9
9	7	2	6	8	3	1	5	4
1	5	4	8	3	6	7	9	2
8	2	7	9	1	4	6	3	5
6	9	3	7	2	5	4	1	8

91

6	2	1	8	7	9	5	3	4
7	9	5	4	2	3	1	6	8
3	4	8	6	5	1	9	7	2
8	5	9	3	4	2	6	1	7
1	3	7	9	8	6	2	4	5
2	6	4	7	1	5	3	8	9
4	1	6	2	9	8	7	5	3
9	8	3	5	6	7	4	2	1
5	7	2	1	3	4	8	9	6

92

4	6	1	9	3	8	7	2	5
2	7	8	5	6	1	9	4	3
3	5	9	4	7	2	8	1	6
8	3	4	7	1	6	2	5	9
6	9	5	8	2	4	1	3	7
1	2	7	3	5	9	6	8	4
7	8	6	1	4	3	5	9	2
9	4	2	6	8	5	3	7	1
5	1	3	2	9	7	4	6	8

93

6	3	5	7	2	1	8	9	4
2	9	8	6	5	4	3	1	7
4	7	1	3	9	8	5	6	2
9	6	2	5	1	3	7	4	8
7	8	4	2	6	9	1	5	3
5	1	3	8	4	7	6	2	9
8	5	6	4	7	2	9	3	1
3	4	9	1	8	5	2	7	6
1	2	7	9	3	6	4	8	5

94

4	6	2	3	7	1	5	9	8
3	5	9	4	2	8	6	1	7
8	7	1	9	6	5	2	3	4
1	3	8	6	4	2	9	7	5
2	4	5	1	9	7	3	8	6
7	9	6	5	8	3	4	2	1
6	1	3	8	5	9	7	4	2
5	8	7	2	3	4	1	6	9
9	2	4	7	1	6	8	5	3

95

4	8	5	7	9	1	6	3	2
9	2	7	4	6	3	8	5	1
1	6	3	8	2	5	9	7	4
6	3	8	9	4	2	7	1	5
7	1	4	5	8	6	2	9	3
5	9	2	3	1	7	4	6	8
8	4	6	1	3	9	5	2	7
2	5	1	6	7	4	3	8	9
3	7	9	2	5	8	1	4	6

96

5	3	9	1	8	7	6	4	2
8	4	7	2	9	6	1	3	5
1	6	2	4	3	5	8	7	9
4	9	5	8	6	1	3	2	7
6	1	3	7	4	2	5	9	8
7	2	8	3	5	9	4	6	1
9	7	4	5	1	3	2	8	6
3	5	6	9	2	8	7	1	4
2	8	1	6	7	4	9	5	3

97

2	5	4	3	1	7	6	8	9
6	9	7	8	5	4	1	2	3
3	1	8	6	9	2	7	4	5
7	2	6	5	8	3	4	9	1
1	4	3	2	7	9	8	5	6
5	8	9	4	6	1	3	7	2
8	6	1	9	4	5	2	3	7
4	3	5	7	2	6	9	1	8
9	7	2	1	3	8	5	6	4

98

2	1	5	7	3	8	9	6	4
4	9	3	5	6	1	8	7	2
6	7	8	4	9	2	1	5	3
9	8	4	3	1	6	5	2	7
1	5	6	8	2	7	4	3	9
7	3	2	9	5	4	6	1	8
5	6	7	2	8	9	3	4	1
8	2	1	6	4	3	7	9	5
3	4	9	1	7	5	2	8	6

99

9	5	2	7	1	3	8	6	4
1	4	7	2	8	6	3	5	9
3	8	6	4	5	9	1	7	2
5	2	8	1	9	7	4	3	6
6	9	4	8	3	5	2	1	7
7	1	3	6	2	4	9	8	5
8	7	9	3	6	2	5	4	1
2	6	1	5	4	8	7	9	3
4	3	5	9	7	1	6	2	8

100

9	2	1	4	6	7	3	5	8
3	7	4	8	5	9	1	2	6
5	8	6	2	3	1	7	9	4
6	3	2	9	1	4	5	8	7
8	5	9	7	2	6	4	1	3
4	1	7	3	8	5	9	6	2
2	9	5	6	7	3	8	4	1
7	4	8	1	9	2	6	3	5
1	6	3	5	4	8	2	7	9

큰글씨판 슈퍼 스도쿠 초급

1판 1쇄 펴낸 날 2020년 4월 27일
1판 4쇄 펴낸 날 2024년 2월 29일

지은이 | 오정환

펴낸이 | 박윤태
펴낸곳 | 보누스
등 록 | 2001년 8월 17일 제313-2002-179호
주 소 | 서울시 마포구 동교로12안길 31 보누스 4층
전 화 | 02-333-3114
팩 스 | 02-3143-3254
이메일 | bonus@bonusbook.co.kr

ISBN 978-89-6494-434-9 03410

• 책값은 뒤표지에 있습니다.